带着科学去旅行

# 中国少年儿童百科全书

## 海洋探秘

梦学堂 编

北京日报出版社

前言

　　孩子喜欢读什么书呢？这是每个家长都会问的问题。一本好看的童书一定是既新颖有趣又色彩丰富，尤其是儿童科普类图书。本套图书根据网络图书平台大数据，筛选了近五年来最热门的科普主题，包括动物、鸟类、昆虫、花草、树木、海洋、人的身体、天气、地球和宇宙十大高价值主题。

　　孩子的想象力既丰富又奇特，他们每天都会提出五花八门、千奇百怪的问题，很多问题连家长也难以解答。这时候就需要一套内容丰富、生动有趣，同时能够解答孩子疑惑的科普读物来帮忙。

　　本套图书采用全新的版式来编排，精美大气的高清彩图配上通俗易懂的文字，既生动亲切又新颖有趣。

　　为了让孩子尽可能地理解、记住抽象深奥的海洋知识，本书精心设置了"动物小档案"板块，将书中最核心的知识归纳总结在上面，相当于老师在课堂上把重点内容写在小黑板上。孩子只要记住"动物小档案"里面的知识，就能记住整本书的核心知识。

　　此外，本书还设置了"科学探险队""你知道吗？""原来如此！""超厉害！"等丰富有趣的板块，让孩子开心地跟随书中的小主人公一起去探索美丽的海洋世界。

　　衷心期待本书能在孩子心中播下科学的种子，让孩子健康快乐地成长。

# 科学探险队

米小乐

不太爱学习的男孩，调皮、贪玩，对各种动物，尤其是海洋动物和昆虫感兴趣，好奇心强。

菲菲

对科学很感兴趣的女孩，学习认真，喜欢各种植物，特别是花草。

袋袋熊

贪吃，憨态可掬，喜欢问问题，特别是关于鸟类和其他小动物的问题。

米小乐：菲菲，咱们这次科学探险，要前往什么地方？

菲　菲：这次咱们要到美丽的海洋中去，采访那里的动物居民们。海洋辽阔无边，那里生活的动物千奇百怪，我们一定会大开眼界。

袋袋熊：哇，我要采访海豚，还要和它一起玩！

菲　菲：海豚只是我们的采访对象之一，另外还有很多超可爱、超有趣的动物呢！

米小乐：哈哈，我很期待这次的科学探险，出发！

# 本书的阅读方式

每种海洋动物都有与众不同的生活，它们用第一人称"我"向大家介绍自己。

用第一人称讲述海洋动物的生活习性、爱好和生存环境。

"科学探险队"与海洋动物们亲密接触，在第一现场为大家讲解它们的神奇生活。

## 小丑鱼

我是超可爱的小丑鱼，又叫海葵鱼、双锯鱼。可别被我的名字骗了，我其实一点儿都不丑，之所以叫小丑鱼，是因为我的脸上有一道或两道白色条纹，看起来就像京剧中的丑角。我是热带咸水鱼，体形很小，最大体长也只有 11 厘米。我和海葵是好朋友，我们互助友爱，友好共生。

### 小丑鱼有哪些生活习性?

小丑鱼：我们通常生活在珊瑚礁与岩礁中，常与海葵、海胆等共生。海葵的触手会分泌毒液，一般的动物不敢靠近，但我们身体表面覆盖着特殊的黏液，能抵抗海葵的毒素，不被伤害，从而在海葵中自由出入。

在海葵的保护下，我们可以避免被其他大鱼欺负、捕食，还可以利用海葵的触手筑巢、产卵。同时我们也会帮助海葵"清理"食物残屑，避免残屑落入海葵丛中，而海葵吃剩的食物我们也可以免费享用。

我们还能吸引其他鱼类靠近海葵，从而让海葵捕食，并帮助海葵清除身上的坏死组织和寄生虫。

小丑鱼和海葵之间紧密互利的关系，在生物学上叫作共生。

### 小丑鱼可以改变性别吗?

小丑鱼：可以。这是我们的一项神奇的本领。我们每个小丑鱼家族都有一条占据主导地位的雌鱼。如果这条雌鱼死亡或消失，它的配偶雄鱼的荷尔蒙就会发生一系列的变化，几周内转变为雌鱼，并且完全具备雌鱼的生理机能，然后再逐渐改变外部特征，如体形和颜色等。

之后，这条新雌鱼会选择一条最强壮的雄鱼作为配偶，继续繁衍后代。不过，我们只能从雄性变为雌性，不能从雌性变为雄性。

#### 小秘密！

小丑鱼有很强的领域观念。通常一对雌雄小丑鱼会占据一个海葵，不允许其他同类进入。如果是一个大型海葵，它们也只允许一些幼鱼进入。在这个大家庭里，体格最强壮的雌鱼和它的配偶鱼占据主导地位，并想方设法地压制其他小丑鱼，将它们驱赶到海葵周边的角落里，以此来捍卫自己的领地。

"动物小档案"总结了每种海洋动物所属的门类、栖息地、食物、本领，以及它们现在的生存状况，提醒大家注意保护它们。

用第一人称介绍海洋动物的各种有趣知识和超凡的本领。

"小秘密！"等小板块进一步介绍海洋动物的各种冷知识、小秘密，以及怎样保护它们。

# 目录

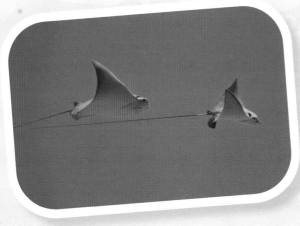

# 珊瑚虫

　　我是美丽可爱的珊瑚虫，你以为我是植物吗？错了，我可是货真价实的动物，而且是腔肠动物。我的身体像圆筒，至少有8个触手，我的嘴巴长在触手中间。我以捕食浮游生物为生，食物从嘴巴吃进去，残渣从嘴巴排出来。你们所见到的珊瑚其实是我们的尸体腐烂后剩下的骨骼堆积而形成的。

## 动物小档案

刺胞动物门—珊瑚虫纲
栖息地：热带、亚热带浅海水域
食物：浮游生物
本领：用刺丝麻痹猎物
现状：无危

## 珊瑚虫在海洋里是怎样生活的?

珊瑚虫:我们喜欢生活在温暖的浅水海域,水深一般不超过50米,水温在22℃~32℃,低于18℃我们就不能生存了。我们成群结队地生活在一起,骨架彼此相连,肠腔也通过小肠系统连在一起。虽然我们有许多"口",却共用一个"胃"。你们所看到的美丽的珊瑚礁就是我们珊瑚虫建造的。我们是海底最伟大的工程师。

我们一般分为大水螅体石珊瑚、小水螅体石珊瑚、软珊瑚及海葵等类型。我们所建造的珊瑚礁生态系统也被称为"水下热带雨林",具有保护海岸、维护生物多样性、维持渔业资源、吸引旅游观光等重要功能。

我一直以为你们是植物,原来你们是伪装的植物,太聪明了。

## 珊瑚虫是怎样建设美丽的珊瑚礁的?

珊瑚虫:我们会分泌一种石灰质骨骼,你们所看到的珊瑚就是由这些外骨骼和我们的尸骨堆积而形成的。由于我们会不断地繁殖、分泌、死亡,所以外骨骼越来越大,慢慢就形成了珊瑚礁。

另外,我们体内有一种珊瑚藻,它们和我们共生,我们的排泄物是珊瑚藻的食物,而珊瑚藻给我们提供氧气。珊瑚藻有各种颜色,它们和我们聚在一起,代代繁衍,最后就形成了形状万千、色彩斑斓的珊瑚礁。

## 你知道吗?

世界上最大最长的珊瑚礁群——澳大利亚大堡礁,长达2000多千米,最宽处达160多千米,如此庞大的自然奇景居然是由几毫米的小珊瑚虫建造的。想想这么大一片珊瑚礁群,需要多少代珊瑚虫共同努力才能建成!

# 海葵

　　我是无脊椎动物海葵，如果你们把我当成植物，那可就上当了。我和珊瑚虫一样，身体呈圆柱形，口盘周围有许多圆锥状的中空触手，这些触手排成一圈又一圈，全部伸展开时像一朵葵花一样，我的名字就是这么来的。我没有骨骼，但可以用吸盘吸附在海底，我通常会吸附在海底的岩石上。我的捕猎武器是触手，触手上的刺细胞能释放有毒物质麻痹猎物。

## 动物小档案

刺胞动物门—珊瑚虫纲—海葵目

栖息地：多数栖息在浅海，少数生活在大洋深渊

食物：鱼、虾等小型海洋动物

本领：用有毒刺丝麻痹猎物

## 海葵在海洋里是怎样生活的？

海葵：我的生活非常简单，就是不停地进行捕食。我的智商超级低，连大脑都没有，所以生存是我唯一的需求。

我虽然很难移动，但触手可以在水中不停地摇摆，看起来就像在风中摇曳的花瓣。许多缺乏经验的小鱼、小虫、小虾经常会漫不经心地游过来，好奇地探察我。这时，我会突然收缩触手，将其擒获，不等它们做出反应，就被我触手里的刺细胞杀死了，变成我的口中之物。

我们海葵有各种各样的颜色，身上的色彩，一是来自自身组织中的色素，二是来自与我们共生的共生藻。共生藻不仅为我们增光添彩，也为我们提供营养。

海葵遇到巨浪等强烈刺激时，会收缩成石头一样的球形。

## 海葵为什么不吃小丑鱼，反而与它们一起生活？

海葵：因为小丑鱼对我们有帮助。小丑鱼原名叫双锯鱼，又叫海葵鱼，它们其实并不丑，橙黄色的身体上有两道宽宽的白色条纹，既可爱、美丽又呆萌、温顺。

小丑鱼虽然很美，却没有强大的御敌本领。它们需要一座庇护所来躲避天敌，而我们移动困难，需要有动物为我们引来食物，就这样双方各取所需，互惠互利，于是我们就愉快地合作了。

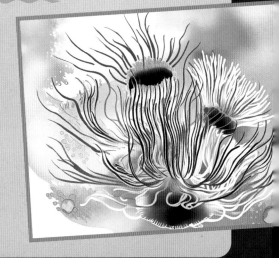

## 真可怕！

海葵通过握手来辨别敌友。如果双方属于同一生殖系（海葵分雌雄同体和雌雄异体），就会把触手伸展开，像朋友握手那样搭在一起；如果双方不是同一生殖系，触手一接触就会立即缩回，再接触再缩回，接着彼此就会展开一场激烈的厮杀。

# 水母

我是美丽可爱的水母，知道我为什么叫水母吗？因为我的身体主要成分是水。我的外形像一把透明的伞，伞的边缘长着很多须状触手，这些触手是我的捕猎工具。我可以从体内向外喷水，产生反作用力来前进，这就是我为什么能在水中漂动。我还会发光，因为我体内有一种神奇的发光蛋白质，人类科学家还因为研究我而获得了诺贝尔奖呢。

## 动物小档案

刺胞动物门—钵水母纲、十字水母纲、立方水母纲
栖息地：遍布全球各大海域
食物：浮游生物、小甲壳类、小鱼等
本领：用有毒刺丝麻痹猎物，发光，体内喷水反向漂动

哇，想不到这么美丽的水母居然有毒。

## 水母在水里是怎样生活的？

水母：我们一般单独生活，也有一些水母固定在水底群居生活。我们的身体有90%以上都是水，并由内外两个胚层组成，两个胚层间有一个很厚的中胶层，不但透明，而且有漂浮作用，所以我们看上去是透明的。

我们的须状触手不仅是我们的捕猎工具，还是我们的消化器官，上面布满了像毒丝一样的刺细胞，能够射出毒液，猎物被刺到后，会迅速麻痹而死。

我们体内还有一种特别的腺，可以产生一氧化碳，使伞状体膨胀；而我们触手中间的细柄上有一个小球，里面有一粒小小的听石，这是我们的耳朵。我们能听到由海浪和空气摩擦产生的次声波，这让我们在风暴来临之前十几个小时就能得到信息，然后把体内的气体放掉，从海面沉入海底。

## 水母是怎样发光的？

水母：我们不但多姿多彩，还会在水中发出五彩斑斓的光芒，像一盏盏小彩灯一样。

我们的发光源与其他动物不同，其他动物大多是通过荧光素、荧光酶在氧的催化作用下发光的。而我们之所以发光靠的却是一种叫作埃奎林的神奇蛋白质，这种蛋白质遇到钙离子就能发出较强的蓝色光。像这样的发光蛋白质每只水母大约含有50微克。人类通过研究我们的发光原理，还获得了诺贝尔化学奖呢。

## 长知识了！

根据伞状体的不同，水母可以分为很多种类：伞状体发银光的，叫银水母；伞状体像和尚帽子的，叫僧帽水母；伞状体像船上白帆的，叫帆水母。

# 海星

我是美丽可爱的海星，一种神奇的棘皮动物。我的样子很像五角星，我们海星家族大部分都是五角星形状，当然也有六角星和四角星形状的。别看我长得美丽可爱，其实我是肉食动物，喜欢吃贝壳类动物。我的手就是那五个对称的腕足，我的嘴巴长在身体下面，肛门长在身体上面。我没有头和脑。对了，我还有神奇的再生能力，把我撕成几块，过几天，我就会变成好几个个体。厉害吧！

## 动物小档案

棘皮动物门—海星纲

栖息地：世界各海域，主要是热带海域

食物：海草、蠕虫、贝壳

本领：分身术，浑身长满眼睛能监视周围一切，繁殖能力强

## 海星没有眼睛怎么看东西呢？

海星：我虽然没有眼睛，但我的棘皮皮肤上长有许多微小晶体，每个微小晶体都相当于一只眼睛，也就是说我身上长了无数只眼睛，我能通过这些眼睛获得周围的信息。

你们大概不知道，我身上这些微小晶体都是一面面精致完美的透镜，这些透镜比人类利用高科技制造的透镜还要小很多。它们都具有聚光的性质，使我能够同时观察到四面八方的信息，及时掌握周边的情况。

哇，那你身上岂不是安装了无数个"监视器"吗？太厉害了！

## 海星有天敌吗？

海星：几乎没有。我们虽然没有脑子，但是一点儿都不傻。我们捕食的时候，通常会静静地躺在海底的沙砾上，一点儿都不担心捕食者将我们吃掉。因为我们具有强大的再生能力，即使我们的腕足被咬掉了，也可以再生，甚至把我们撕成两半，过不了多久也照样可以重生，而且会变成两个海星。

你们肯定会问，为什么海星会具有强大的再生能力呢？这是因为我

们受伤时，后备细胞会被激活，这些细胞中包含身体所损失部分的全部基因，后备细胞与其他组织合作，会重新生长出失去的腕或其他部分。

### 原来如此！

海星在海底靠管足移动，管足上有吸盘，可以让海星停留在某个地方。发现猎物时，海星会向猎物身体注射麻醉剂，把它们麻醉之后，海星把胃吐出来紧紧地包住猎物，再分泌消化液来进行消化。

# 海百合

　　我是海中"花朵"海百合。你们看我像植物吗？其实我是动物，我体内含有毒素，很多鱼儿都不敢碰我。我还有多条腕足，身体呈花状，表面有石灰质的壳，由于长得像百合花，人们就给我起了"海百合"这个名字。我是棘皮动物中最古老的种类，早在4.8亿年前就已经生活在海洋里。我们海百合有两大类：有柄海百合和无柄海百合。有柄海百合不能移动，无柄海百合可以移动。

## 动物小档案

棘皮动物门—海百合纲
栖息地：深海、浅海珊瑚礁
食物：浮游生物
本领：可用腕足张成网状来捕食

## 海百合在海里是怎样生活的？

海百合：我们喜欢用长长的柄固定在海底珊瑚礁上生活，因为那里没有风浪，不需要坚固的固着物。我们的柄上有一个花托，里面包含着我们所有的内部器官。我们的口和肛门是朝上开的，这和其他棘皮动物有所不同。

我们细长的像羽毛一样的腕足从花托中伸出，它由枝节构成，可以活动。无柄海百合没有长长的柄，而是长着几条小根或腕足，口和消化管也位于花托状结构的中央，既可以漂浮也可以固定在海底。浮动时腕足收紧，停下来时就用腕足固定在海藻或海底礁石上。

我们腕足的数量因种类而异，最少的只有两条，最多的可达200多条。

海百合捕食时将腕足高高举起，像张开的蜘蛛网，等着猎物上门。

## 海百合化石很值钱吗？

海百合：是的。我们死亡后，身上的钙质茎和萼很容易保存下来成为化石，但是由于海水的扰动，我们的茎和萼只能散乱地分布在海底各个地方，从而失去了生前美丽的姿态。

如果我们恰好生活在特别平静的海底，死亡以后，美丽的姿态就会完整地保存下来，成为化石。不过这种环境比较苛刻，所以遗留下来的化石变得十分珍贵。它不仅为人类研究地质历史时期的古环境提供重要证据，也是化石收藏家的珍品，甚至被当作工艺品摆放。

### 你知道吗？

距今大约2亿年前，我国贵州关岭地区是一片封闭的海域，气候温暖，海水湛蓝，清澈见底，到处生长着美丽的海百合。由于没有天敌，生物的数量越来越多，海百合和动物的遗骸不断被泥沙所掩埋，沉积在海底，成为记录地球古生物历史的珍贵化石。如今，贵州关岭地区的古生物化石产地已经被开辟成为关岭化石群国家地质公园。

# 寄居蟹

嗨，我是勤劳又贪吃的寄居蟹，说我是吃货也没有问题，因为我几乎什么都吃。我不但爱吃，也爱住别人的房子，而且是免费住，不花一分钱，所以人们又叫我"白住房""干住屋"。我的模样既像蟹又像虾，头部和胸部长有坚硬的铠甲，腹部没有铠甲，可以卷曲、伸直。我一生都寄居在螺壳中，因为我的腹部比较柔软、脆弱，所以必须时刻保护好它。

## 动物小档案

节肢动物门—软甲纲—十足目
栖息地：全球各大海域
食物：几乎什么都吃
本领：寄居、能吃、易活

## 寄居蟹在海里是怎样生活的？

寄居蟹：我们必须终生生活在螺壳等甲壳里，因为我们的腹部比较柔软，需要甲壳来保护，正因为如此我们必须得背着甲壳跑来跑去。

我们是杂食性动物，从藻类、寄生虫到食物残渣无所不食，所以被称为"海滩清洁工"。我们寄居的房子有海螺壳、贝壳等，有时候，由于生态环境恶劣，迫于无奈，只能选择瓶盖来充当家。

我们找海螺壳寄居的时候，通常会先把海螺从壳里清理出去，再钻进去，这就成了我们的环保坚固的新家了。

椰子蟹属于硬壳寄居蟹，它有类似螃蟹的硬壳，不必再寄居在其他甲壳中。

## 草莓寄居蟹跟其他寄居蟹有什么不同？

寄居蟹：草莓寄居蟹又叫珍珠寄居蟹，分布在南北回归线之间的热带海域。草莓寄居蟹是寄居蟹中最美丽也最容易分辨的种类，因为它们通体鲜红，并且散布着白色斑点，非常像草莓，所以被称为草莓寄居蟹，但有的地方又将其称为珍珠寄居蟹。

草莓寄居蟹与一般寄居蟹明显不同的是，它们需要经常补充胡萝卜素来维持鲜艳的体色，否则红色会逐渐消退。胡萝卜素最好的来源是虾类。

## 养殖小窍门！

最常见的寄居蟹是灰白陆寄居蟹，又叫皱纹寄居蟹，全长6～11厘米，广泛分布在非洲、亚洲、东南亚等海域。灰白寄居蟹颜色多变，体形较小，但其胆子较大，喜欢攀爬，是最适合饲养的一种寄居蟹。

# 海龟

我是长寿的海龟，是一种非常古老的动物。我和陆地乌龟最大的不同是，我的四条腿都进化成了鳍。我的两条前肢很长，像船桨一样，可以在水里自由划动。我最大的特点是寿命很长，可以活150年之久，是动物界当之无愧的老寿星。我性情非常温顺，人畜无害，大部分时间都待在海水里。母海龟只有在产卵时才会上岸。

## 动物小档案

脊索动物门—爬行纲—龟鳖目
栖息地：海洋浅海水域、海湾、珊瑚礁等
食物：鱼、虾、海藻等
本领：游泳

## 海龟有什么生活习性？

海龟：我们与世无争，通常会长时间待在水里一动不动。除了产卵和晒太阳，我们很少上岸。遇到敌人我们也不会攻击，因为我们是和平主义者。我们依靠坚硬的甲壳来保护自己。凭借这种本能，我们在地球上安然自得地生活了 2 亿年。

我们虽然没有牙齿，但嘴非常锐利，可以轻易撕开或碾碎坚硬的食物，而且我们的食道里还长有很多尖刺，有助于消化食物。别看我们在陆地上行动缓慢，在水里我们可是游泳健将，每小时可达 20 多千米，几乎和海豚游泳速度相当。

> 要是世界上所有的动物都像海龟一样与世无争，那世界就永远和平了。

## 海龟为什么要到陆地上产卵？

海龟：我们虽然生活在海里，但没有鳃，不能在水中呼吸，所以要经常浮出水面呼吸空气。如果小海龟出生在海里就会被淹死。另外，海水温度较低，在海水中产卵是不能孵化的。

海龟妈妈每年夏季前后会在夜间登陆海滩产卵。它将 50 ~ 200 枚乒乓球大小的卵产在洞里。

40 ~ 70 天后，小海龟就能孵化出来。小海龟出生后要自行爬回大海。

这一过程充满极大的危险，它们常常会被大鸟、蛇等动物吃掉，最后能活着回到大海的只有极少数幸运者。

## 真奇妙！

海龟拥有神奇的导航系统，科学家研究发现，就算将海龟放在非常偏僻的角落，它仍然能够准确无误地找到家的方向，因为海龟能感知各个方向上地磁场强弱的变化，就像是拥有最先进的全球定位系统一样。

# 章鱼

　　我是超级聪明的章鱼，是地球上智商最高的无脊椎动物。我的身体呈圆球形，身体前端长着嘴巴，嘴巴上有 8 只带吸盘的触手。我的大脑超级发达，而且有三个心脏，两个记忆系统。我还会使用工具，并具有"概念思维"。我非常喜欢器皿，看见器皿就想钻进去。

## 动物小档案

头足纲—八腕目—章鱼科

栖息地：热带和温带海域

食物：虾、蟹、牡蛎、扇贝、贻贝等

本领：喷墨汁、拟态伪装、缩骨术、使用工具、思考学习、双足行走

## 章鱼在海里是怎样生活的？

章鱼：我们主要生活在7℃以上的温暖海水里，喜欢独居，以瓣鳃类（牡蛎、扇贝、贻贝等）和甲壳类（虾、蟹等）为食。

我们的食物里不能缺少龙虾，因为我们需要稳定的结构性肌红蛋白，这是我们在深海生活的必要条件；而龙虾体内含有虾青素，它是最强的抗氧化剂，是保证肌红蛋白结构稳定而不被氧化必要条件。

我们的身体下方有一个吸管，连接着一个有鳃的外套膜腔。我们可以将海水吸进外套膜腔后再喷出，这样既可以呼吸，也可以使身体向后移动，以便捕捉猎物，逃避敌人攻击或移动。我们还能通过喷墨汁来逃避敌人的攻击。

章鱼可以一连喷6次墨汁，比乌贼还厉害呢！

## 章鱼真的超级聪明吗？

章鱼：我有1亿~5亿个神经元，虽然没有人类多，可是我的8只触手上有过半的神经元，可以一心多用。我的触手可以自己思考，也就是说我可以独立感知，多线作业，快速反应，像分布式智能互联网一样先进。

此外，我的触手感觉超级灵敏，在触手末端的吸盘边缘有大量受体，可以使触觉、嗅觉、味觉协同工作，在触摸的同时还可以"品尝"食物。

另外，我还是超级伪装大师和逃脱大师。我可以伪装成比目鱼、海蛇、珊瑚、海草等各种海洋生物。我的身体还可以随意压缩成各种形状，让我轻松逃脱困境。

## 超厉害！

章鱼具有独立解决复杂问题的能力。科学家曾对章鱼进行了一次实验：他们把一只装着龙虾的玻璃瓶放进水里，瓶口用软木塞塞住。章鱼绕着这只瓶子转了几圈，就用触手将其缠住，然后通过各种角度，用触手拨弄软木塞，最后成功将其拔掉，从而饱餐一顿。

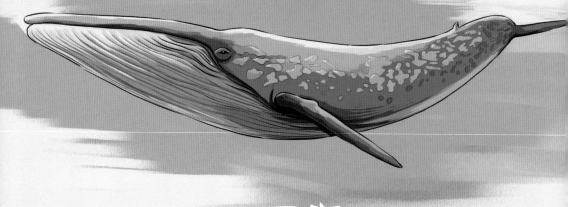

# 蓝鲸

我是海上巨无霸，世界上最大的动物。我虽然生活在海里，但并不是鱼，而是哺乳动物。我的身体长 22 ~ 33 米，体重 150 ~ 180 吨，相当于 25 头大象，2000 ~ 3000 个成年人。我的脊背是浅蓝色的，肚皮上长满褶皱，尾巴宽阔而扁平，这可以使我在水中自由灵活地游动。

## 动物小档案

哺乳纲—鲸偶蹄目—须鲸科

栖息地：四大洋温暖海水与冰冷海水的交汇处

食物：磷虾、小型鱼类

本领：喷潮、游泳

## 蓝鲸为什么要喷潮？

蓝鲸：我们和人类一样是哺乳动物，也是用肺呼吸的。不过我们的肺可比人类的大多了，它重达 1 吨，能容纳 1000 多升空气。因为有这么巨大的肺容量，我们的呼吸次数也得以大大减少，每隔 10 ～ 15 分钟才会露出水面呼吸一次。

呼吸时，我们先将体内的二氧化碳等废气从鼻孔排出体外，然后再吸进新鲜氧气。在排出体内二氧化碳等废气时，会有一股强有力的灼热气流冲出鼻孔，喷射高度可达 10 米左右，并将附近海水一起卷出海面，于是海面就会出现一股巨大的水柱，从远处望去，就像一股海上喷泉，同时我们还会发出像火车汽笛一般响亮的声音，这就是你们人类所说的"喷潮"。

蓝鲸的叫声高达
155 ～ 180 分贝！

## 蓝鲸有什么生活习性？

蓝鲸：我们喜欢生活在温暖海水与冰冷海水的交汇处，因为这里有丰富的浮游生物和磷虾。我们胃口非常大，每天要吃掉 4 ～ 8 吨食物（大约 200 万只磷虾），如果胃里的食物少于 2 吨，我们就会感到饥饿。所以我们大部分时间都在用来寻找食物。

我们吃东西时，会连海水带磷虾一齐吞下，然后嘴巴一闭，把海水从须缝里排出来，留下磷虾，吞进肚里。

### 超厉害！

蓝鲸一条舌头就有 2000 千克，头骨有 3000 千克，肝脏有 1000 千克，心脏有 500 千克，血液循环量达 8000 千克。它的力量也大得惊人，相当于 1500 ～ 1700 马力的中型火车，真不愧是动物界的巨无霸和大力士。

# 抹香鲸

　　我是世界上最大的齿鲸，也是世界上现存的最大掠食者。我长相古怪，脑袋无比巨大，占了我身体的四分之一，但是尾巴又小又轻，所以整体看起来像一个巨大的蝌蚪。我这种头重脚轻的体形非常适合潜水，可以潜到2000多米的深海，号称"哺乳动物界的潜水冠军"。我不仅擅长潜水，也擅长游泳，另外我的身体还能分泌一种非常珍贵的香料——"龙涎香"，我的名字就是这么来的。

## 抹香鲸有哪些生活习性？

抹香鲸：我们喜欢群居，通常数十头，甚至二三百头组成一群，成员主要由少数雄鲸和大群雌鲸、幼鲸组成。我们每年都要进行南北洄游，主要是为了生育和觅食。我们游泳速度很快，每小时可达十几海里，而且善于潜水，深潜可达2000多米，并且能在水下待两个小时之久。

我们最喜欢的食物是生存在深海中的大型乌贼，为了捕食它们，我们常常潜入深海。由于大型乌贼的角质颚和舌齿难以消化，会刺激我们的肠胃分泌一种灰色或微黑色的分泌物，这就是人类超喜欢的"龙涎香"。

"龙涎香"价比黄金，不仅是名贵的香料，也是名贵的中药，可用于缓解咳喘气逆心腹疼痛等症状。

## 抹香鲸为什么竖着睡觉？

抹香鲸：因为我们的呼吸孔在头部左前方，要是躺着睡觉，体内的氧气无法支持呼吸。我们虽然有两个鼻孔，可是只有左鼻孔通畅，可用来呼吸，右鼻孔天生阻塞。当我们浮出水面呼吸时，喷出的水雾柱向左前方呈45°。

我们睡眠很少，一天也就睡个十几二十分钟，应该是哺乳动物中睡眠最少的动物。不过我们睡得很沉，在漂浮和潜水时就可以完全进入睡眠状态，其间我们既不呼吸也不挪动，对外界几乎毫无反应。

### 原来如此！

"龙涎香"刚被抹香鲸排出体外时，质地偏软，颜色较深，带有臭味。当它漂浮在海上，经过长年累月的风吹日晒与海水冲刷后，颜色变淡，质地变硬，并陈化为一块蜡状固体物质，这才形成最终的"龙涎香"。"龙涎香"是使香水保持芬芳的最好物质，用于香水配制或作为定香剂。

# 虎鲸

我是海洋霸王虎鲸，虽然我的名字带"鲸"字，却是海豚科的动物，而且是该科最大的动物。我长得虎头虎脑，身上黑白两色，像熊猫一样呆萌可爱，不过千万不要被我的外表迷惑了，其实我是性情凶猛、牙齿尖利、战斗力超强的海上霸王。企鹅、海豹、海豚，甚至鲨鱼等都是我的猎食目标，我还会袭击巨大的鲸类。怎么样，我很厉害吧！

## 动物小档案

哺乳纲—鲸偶蹄目—海豚科
栖息地：几乎所有海洋都有分布
食物：海豹、海豚、鲨鱼、水鸟和各种海鱼
本领：撕咬、游泳、尾巴攻击、声波攻击

## 虎鲸有哪些生活习性？

虎鲸：我们是群居动物，有 2 ~ 3 只的小群，也有 40 ~ 50 只的大群。平时我们喜欢悠闲地漂浮在海面上，露出巨大的背鳍，而且喜欢用胸鳍来互相接触，这样显得既亲热又团结。

我们彼此非常友好，如果有成员受了伤，或者发生意外，失去了知觉，其他成员就会来帮忙，用身体或头部连顶带托，使其能够继续漂浮在海面上。我们睡觉时也是扎成一堆，这样既可以互相照应又可以保持一定的清醒。

我们还能用海豚音进行交流，能发出几十种不同的声音。我们的大脑也很发达，除了人类，我们应该是最聪明的动物了，同时还拥有强大的力量。凭借这些优势，我们能够追赶和捕杀海洋中很多大型动物。

虎鲸和人类一样聪明团结，所以能成为海上霸王。

## 虎鲸是怎样捕猎的？

虎鲸：我们喜欢集体捕猎，用超声波互相沟通和联系，并策划捕猎战术。当我们捕猎小型鱼类时，会采用旋转木马战术，合力将鱼群驱赶成一个大球，然后轮流钻入鱼群取食。

当我们捕猎乌贼、海鸟或其他海兽时，会采用诱惑战术。会故意将腹部朝上，一动不动地漂浮在海面上，看起来像死尸一样。当乌贼、海鸟或

其他海兽接近时，我们就突然翻过身来，张开大嘴把它们吃掉。有时也会用尾巴将猎物击晕。

### 超厉害！

在水族馆里，虎鲸可以饲养驯化，它既聪明又听话，还能学会许多技艺，表演各种节目。人类甚至驯化虎鲸来完成一些特殊的任务，比如深潜、导航、排雷等，因为虎鲸的智商很高。

# 白鲸

　　我是喜欢唱歌的小白鲸。我浑身洁白，额头鼓鼓的，像充满油脂的气球一样。我的样子十分憨厚可爱，很受人类的欢迎。我主要生活在寒冷的北极海域，是一种性情活泼、喜欢玩耍，还会表演节目的哺乳动物。我还是优秀的口技专家，能发出几百种悦耳动听的声音。

## 动物小档案

哺乳纲—鲸偶蹄目—一角鲸科

栖息地：北极温暖浅海、河道入口、海湾等

食物：胡瓜鱼、比目鱼、杜父鱼、鲑鱼、鳕鱼，以及虾、蟹、章鱼等

本领：口技、唱歌、潜水、回声定位

## 白鲸在北极是怎样生活的？

白鲸：我们喜欢生活在河道入口、峡湾、港湾，以及常年有光照的温暖浅海。每年7月份，我们会从北极浅海迁徙到河道入口。一路上，我们边玩耍边表演。随便一块木头，我们都能玩出各种花样，而且乐此不疲。

我们非常爱干净。当我们迁徙到河口三角洲时，全身通常会附着许多寄生虫，外表和体色显得十分肮脏。这时我们会潜入水底，在水底打滚，不停地翻身，有的也会在三角洲和浅水滩的沙砾或砾石上擦身体。我们天天这样不停地翻身，每天都长达好几个小时，直到把我们身上的老皮全部蜕掉，换上洁白漂亮的新皮肤。

我们应该学习小白鲸爱干净的好习惯。

## 白鲸的额头为什么摸起来凉凉的、软软的？

白鲸：我们圆鼓鼓的额头部位叫作额隆，属于鼻腔的一部分，位于嘴巴和喷气孔的中间。它之所以摸起来软软的有弹性，是因为其主要成分是脂肪，就像人类的小肚子一样。我的额隆不仅看起来可爱，还有保暖功能。

我大大的额隆占据了大半个头部，这可以让包括大脑在内的整个头部都更加保暖。

### 超厉害！

白鲸非常喜欢唱歌，能模仿好几百种声音。比如，猛兽的吼声、牛的哞哞声、猪的呼噜声、马嘶声、鸟儿的吱吱声等，甚至女人的尖叫声、病人的呻吟声、婴孩的哭泣声它也能模仿。所以被称为"海洋中的金丝雀"。

# 海豚

　　我是人见人爱的海豚，又被称为"微笑天使"。我们是水生哺乳动物，体长 1.2 ~ 9.5 米，体重 30 ~ 14000 千克。雄性通常比雌性大。我们的身体呈纺锤形，皮肤呈蓝灰色，光滑无毛，善于跳跃和潜泳。我们还是天才"表演艺术家"，能表演很多精彩的节目，如钻铁环、玩篮球、唱歌、跳舞等。

## 动物小档案

哺乳纲—鲸偶蹄目—海豚科
栖息地：世界各大洋
食物：鱼类、乌贼等
本领：跳跃、潜泳、杂技表演、
唱歌、边游泳边睡觉

## 海豚有哪些生活习性?

海豚:我们是高度社会化的物种,群体非常庞大,有时成员数量超过 10 万。我们通常会集体活动,成员之间有多种合作方式。比如,我们会团体合作攻击鲨鱼,通过撞击杀死它们。如果有成员受伤或生病,我们也会协作救助。我们还喜欢追随船只乘浪前行,跃水腾空进行杂技表演,让人类啧啧称赞。

我们主要捕食鱼类和乌贼,通过回声定位来追踪猎物,还会用超声波击晕猎物,别忘了我们的叫声非常震撼。

我们还有一个神奇的本领——边游泳一边睡觉。因为我们大脑的两个半球可以轮换使用,一个清醒,一个休息。我们睡眠很浅,每隔十几分钟,两个大脑半球就要轮换一次。

海豚喜欢亲近人类,在海洋中看到人类有危险,就会伸出援手。

## 海豚是吃货吗?

海豚:我们吃东西几乎都是狼吞虎咽的,不怎么咀嚼,而且每天要吃超过 7 千克的食物,因为我们每天都要消耗大量能量。另外,多吃东西也是为了抵抗寒冷,我们的身体没有皮毛,表层必须靠一层厚厚的脂肪来保暖。

另外,我们从不喝海水,每天摄入的食物中有足够的水分满足我们的需要。

### 原来如此!

海豚有好奇心,无论听到什么都会去一探究竟。这并不是什么好事,有很多海豚经常被人类深海捕鱼的渔网缠住,最后因不能及时上浮到海面进行呼吸而被淹死。

# 大白鲨

　　我是海洋死神，非常凶恶，人类叫我"噬人鲨"，因为我的确会吃人。我体形庞大，体长可达 6 米，体重可达 1.8 吨。我是最大的食肉鱼类，拥有尖利的三角形巨大牙齿，可以快速把猎物撕成碎片。我非常贪吃，看到所有感兴趣的东西都会吞下去。

## 动物小档案

软骨鱼纲—鼠鲨目—鼠鲨科
栖息地：各大洋沿岸、近海大陆架及岛架海域
食物：海狮、海豹、各种鱼类
本领：撕咬、游泳、嗅觉和触觉灵敏

## 大白鲨有哪些生活习性？

大白鲨：我们白天活动，捕食各种鱼类、蟹类、海鸟、海龟、海豹、海豚、鲸鱼、动物腐尸等，偶尔也会袭击船只、攻击人类。因为我们的眼睛上方有一层隔膜，这使我们看不清近处的东西，而人类潜水员的轮廓又与鱼类相似，让我们误以为是猎物。

我们的嗅觉非常灵敏，可以嗅到1000米外被稀释成原来五百分之一浓度的血腥味。我们的牙齿非常尖锐，就像一把把直立的三角尖刀，而且牙齿上还长着细小的锯齿，可以轻松撕碎坚硬的猎物。

鲨鱼牙齿非常多，旧牙磨损了，会自动长出新牙。鲨鱼一生可以更换6次新牙。

## 大白鲨通常在什么情况下攻击人？

大白鲨：我们一般不会主动攻击人类，不过如果闻到血腥味，会使我们感到兴奋，从而产生攻击行为。

我们攻击人类与水温、水深、时间都有关系。海水温度低于20℃，我们一般不会攻击人类；高于这个温度，尤其是在水温较高的热带海区，如澳大利亚东部海区，我们会时不时伤害人类。

另外，白天在浅水中，如果与人类相遇，我们也会攻击人类。不过，最容易攻击人类的时间是黑夜。我们攻击人类还与性别有关系，我们更喜欢攻击男性，因为男性更具有攻击性。

## 真可怕！

大白鲨不光牙齿锋利，连它的皮肤也具有杀伤力，因为鲨鱼皮并不是光滑的，虽然没有鱼鳞，但是上面长满了细小的倒刺，这比砂纸还粗糙，猎物哪怕只是被它撞一下都会鲜血淋漓。

# 双髻鲨

我是长相古怪的双髻鲨，又被称作"锤头鲨"。因为我的头部既像人类古代女子的发髻，又像一把大锤头。千万别嘲笑我的长相，它可是大有用处呢，我的"锤头"可以帮助我准确地确定猎物的方向和速度。我体长 3.7 ~ 4.5 米，体重接近 1 吨。我的眼睛长在锤头的两端，可以 360° 地环顾周围的情况。

## 双髻鲨的大锤头有什么用处？

双髻鲨：我们的脑袋就像水中翼（人类的官方学名），其实更像锤头，它可以帮助我们在水中自由遨游，在转弯时，还可以帮助我们保持平衡。

在我们的大锤头脑袋前边有化学传感器、电子传感器和压力传感器，它们对我们的生存有很大帮助。凭借这些传感器，我们能够非常准确地确定猎物的方向和速度。

我们古怪的脑袋可以充当方向舵。另外，还有我们的眼睛长在锤头的两端，可以让我们360°无死角地观察周围的情况，而且视野更有立体感，容易分辨远近。

双髻鲨的寿命很长，可以存活30年以上。

## 双髻鲨有哪些生活习性？

双髻鲨：我们是海洋群居动物，经常出没在海滩、海湾和河口处，会在珊瑚礁中寻找食物。我们喜欢吃鱼类、甲壳类和软体动物，白天我们成群结队捕食，晚上我们是独行侠。碰到人类，我们一般不会主动攻击，除非受到惊吓或被挑衅。

我们也是迁徙性鱼类。每当季节更替，我们会组成浩浩荡荡的迁徙大

军，来一次长途旅行。夏天，我们游到温带海域避暑。冬天，我们游到热带海域越冬。

## 真奇妙！

有的小鲨鱼是没有爸爸的。一些科学家研究发现，窄头双髻鲨在水族馆中被长期圈养的时候，雌性会在没有与其他雄性鲨鱼接触的情况下使自己怀孕。这种繁殖方式叫作孤雌生殖，其他能进行孤雌生殖的脊椎动物还有科莫多龙、黑鳍真鲨等。

# 鲸鲨

　　我是世界上最大的鱼类，很吃惊吗？因为鲸不是鱼类。我体长 9 ~ 12 米，体重一般可达 12 吨，我们鲸鲨最大体长可达 20 米。我身上长着很多白色斑点和横纹，有一张和头一样宽大的嘴巴。虽然我身形巨大，可是性情很温和，我只吃浮游生物和小鱼、小虾。我的鼻孔周围有触须，还长有巨大的鳃裂，鳃弓上长着许多小枝状的角质鳃耙，可以过滤水分和保留食物。

## 动物小档案

软骨鱼纲—须鲨目—鲸鲨科
栖息地：热带、温带海域
食物：浮游生物、巨大藻类、各种鱼虾
本领：游泳、吞食

## 鲸鲨是怎样捕食的?

鲸鲨：我们是滤食动物，牙齿太小，不能用来捕食。我们通常用鲸吞的方式来捕食，捕食时先张开嘴巴吞一口水，然后闭上嘴巴，通过鳃将水排出。在我们的鳃与咽喉之间长有皮质鳞突，它是鳃耙的独特变异，像过滤器一样，除了海水，可以阻止任何大于2毫米的物体通过。所有被鳃条之间的过滤器官所阻塞的物体都会被我们吞下去。

我们靠嗅觉来寻找浮游生物或鱼类，捕食时不需要游动，只需要张开大嘴巴吸入海水，再排出海水来得到食物。

鲸鲨不会攻击人类，遇到人类潜水员，还会与他们嬉戏玩耍，甚至把肚皮翻过来，让他们帮忙清理寄生虫。

## 海洋污染对鲸鲨有危险吗?

鲸鲨：当然有危险，我们已经上了《世界自然保护联盟濒危物种红色名录》，被列为濒危物种。

目前海洋污染非常严重，尤其是塑料污染，我们鲸鲨平均每小时会误食多达130多块塑料，其中既有微小的塑料微粒，也有近50厘米的塑料碎片。尽管我们有能力"咳"出误食的东西，但这并不总是有效的。有很多同类因为误食塑料袋而窒息死亡。

另外，石油污染会让我们无法呼吸，搁浅死亡。人类的过度捕捞让我们这种大型鱼类也难以幸免，我们既面临没有食物可吃又面临被渔网缠住，作为副渔被人类捕捞上来的危险。此外，我们是高度迁徙性动物，在海面上还随时面临着被船只撞击的危险。

### 小秘密!

鲸鲨的眼睛上覆盖着眼齿，每只眼睛上都覆盖着多达2900颗小眼齿组成的"铠甲"，这些眼齿可以减少鲸鲨眼睛表面受到伤害的风险。

# 电鳐

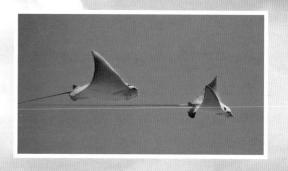

　　我是可爱的扁体软骨鱼电鳐，我的样子像一把团扇，但不可以扇哟！我最大的本领是发电，这是我的超能力，很羡慕吧！我体长在 0.3 ~ 2 米，背腹扁平，头和胸部连在一起，一对小眼睛长在背侧面前方的中间，头侧与胸鳍之间有一对发达的卵圆形发电器。

## 动物小档案

脊索动物门—软骨鱼纲—电鳐目
栖息地：太平洋、印度洋和大西洋西部各沿岸海区
食物：小鱼、虾等
本领：游泳、放电

## 电鳐为什么能放电？

电鳐：在我们的肩部和胸鳍内侧有一对卵圆形的蜂窝状发电器，它们是由鳃部肌肉变异而来的，其基本单元是微小的电板，大约有 40 个电板上下重叠，组成六角形柱状管，每侧有 600 个管状物，内部充满半透明的乳白色胶质物。

每块电板上具有神经末梢的一面为负极，另一面为正极，电流由腹部流向背部，释放的电压有高有低，通常是 70 ~ 80 伏，有时达 100 伏。

我们靠发出的电流来击毙水中的小鱼、虾和其他小动物，这是我们捕食和抵御敌害的有力武器。但是我们也不是毫无限制地放电，我们在连续放电后电流会逐渐减弱，10 ~ 15 秒后消失，过一段时间又能重新恢复放电能力。

干电池就是根据电鳐的放电特性而发明的。

## 电鳐能电伤人吗？

电鳐：我们的放电能力是不一样的，有的可以释放 37 伏的电压，有的可以释放 70 伏的电压，也有的能释放 220 伏左右的电压，这些对于人类来说，都是有伤害的。因为人类的安全电压不高于 36 伏，而持续接触的安全电压为 24 伏。所以我们释放的电压对人类是能造成伤害的。

### 你知道吗？

不仅电鳐能发电，电鳗、电鲶等也能发电。电鳐的发电本领在发电动物中排名第二。据计算，1 万条电鳐的电能聚集在一起，足够使一列电力机车运行数分钟。

# 金枪鱼

　　我是胖乎乎的金枪鱼，又叫鲔（wěi）鱼、吞拿鱼。我的体形是标准的流线型，身体粗壮圆滚，背上有两个独立的鳍，尾鳍呈镰刀型。我们金枪鱼族共有 15 种，最小的金枪鱼是圆舵鲣，其长度不超过 50 厘米，重 1.8 千克；最大的金枪鱼是大西洋蓝鳍金枪鱼，其长度可达 4.6 米，重达 680 千克。我非常擅长游泳，平常时速高达 60 ~ 80 千米，最快时速可达 160 千米。

## 动物小档案

硬骨鱼纲—鲭形目—鲭科
栖息地：热带和亚热带海域
食物：鲭鱼、乌贼、螃蟹、
鳗鱼、虾等
本领：游泳

## 金枪鱼有哪些生活习性？

金枪鱼：我们是大洋暖水性洄游鱼类，生活在热带和亚热带海域，过着群聚性的生活，一些种群会向凉爽的温带或冷水海域进行季节性迁徙。

我们必须不停地游动，因为我们没有鱼鳔，不能在水中漂浮，如果不游动，我们就会沉入海底。我们的游泳方式非常特别，游动的时候，身体保持僵直，尾巴不停地摆动，这叫作鱼尾形游泳。

由于必须不停地游动，我们每天消耗的能量非常大，为了保持体能，我们必须不停地进食，一顿就要吃掉相当于自身体重18%的食物，相当于一个70千克重的男人一顿吃掉两只带骨头的大公鸡。

金枪鱼没有鳃肌，必须不停地游动，才能让新鲜水流流过鳃部以获取氧气。

## 金枪鱼有哪些种类？

金枪鱼：我们金枪鱼家族有5属15种，其中金枪鱼属有8种，以蓝鳍金枪鱼最有名，而蓝鳍金枪鱼又分为太平洋蓝鳍金枪鱼、大西洋蓝鳍金枪鱼和南方蓝鳍金枪鱼3种。因为过度捕捞，目前已经被列为濒危物种。

大眼金枪鱼和蓝鳍金枪鱼体形相近，体长可达2米，体重150千克，眼睛和胸鳍较大。黄鳍金枪鱼因背鳍、臀鳍呈黄色而得名，目前数量较多。长鳍金枪鱼腹鳍较长，体形较小，体

长约1米，又称为白金枪鱼。

黑鳍金枪鱼体形偏小，体长在1米以下，目前数量很多。青干金枪鱼体长30～40厘米，由于尾巴较长，又叫作长尾金枪鱼。

### 你知道吗？

鲣鱼也是金枪鱼家族的一员，它的肉味道浓郁，脂肪含量高，所以被大量用来加工罐头。超市里常见的金枪鱼罐头就是用鲣鱼加工而成的。

# 旗鱼

我是有"海洋杀手"称号的旗鱼。我的体形呈优美的流线型，体长超过 2 米，体重可达 60 千克。我的背上长着巨大的灰蓝色背鳍，远看就像迎风招展的旗帜，所以被称作旗鱼。我的嘴巴非常尖利，像一柄长长的利剑，这是我的捕猎武器。我游泳的速度超快，是游泳速度最快的鱼类之一。

## 动物小档案

硬骨鱼纲—鲭形目—旗鱼科
栖息地：热带和亚热带海域
食物：鲹鱼、乌贼、秋刀鱼等
本领：游泳、冲击、剑颌穿透力超强

## 旗鱼在海洋中是怎样生活的？

旗鱼：我们一般生活在海洋的温水层，白天浮游在水面上，一旦发现猎物，会飞速冲过去。我们游泳的速度超快，平均时速达90千米，比游艇都快。

我们长长的剑颌并不是用来刺穿猎物的，而是用来击昏猎物的。当发现猎物时，我们并不急于进攻，而是围着猎物快速游动，将猎物从较深的海域驱赶到水面附近，随后围着猎物不断骚扰，将它们分散开，变得惊慌失措。等到猎物筋疲力尽，我们再将猎物驱赶在一起，随后快速地摆动头部，用我们尖利的剑颌把猎物撞晕，然后将它们撕成碎片，饱餐一顿。

我要是有旗鱼这样的游泳速度，肯定去当游泳运动员，拿奥运冠军，为国争光。

## 旗鱼为什么游泳速度超快？

旗鱼：我们游泳速度快和身体构造有很大的关系。我们身上大部分都是肌肉，这些肌肉能够为我们提供充沛的动力，让我们在大洋中可以驰骋纵横。而且我们的体形是流线型，游泳时能将压力、阻力降到最低。

我们的尾柄和剑颌在游泳中也发挥着很大的作用。我们的尾柄细而扁平，两侧有隆起的脊，在尾部摇摆的时候，可将阻力降到最低，长长的剑颌在游动的过程中能迅速将水向两旁分开，为我们开路。

你们也许会觉得我们背上那像大帆似的背鳍会阻碍游泳，其实我们能将这张"大帆"折叠起来，以减少阻力。

### 你知道吗？

海洋中游泳速度超快的动物除了旗鱼，还有蓝枪鱼、梭鱼、骨鱼、灰鲭鲨、巨头鲸、黄鳍金枪鱼、飞鱼、鲣鱼、虎鲸等。

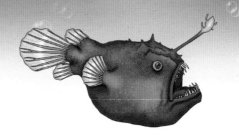

# 鮟鱇鱼

　　我是样子很丑恶的鮟鱇鱼，又叫蛤蟆鱼、琵琶鱼。我的身体呈短圆锥形，头巨大而扁平，嘴扁而阔，其边缘长有一排尖端向内的利齿，双眼长在头背上，体柔软，没有鳞。我最大的特征是头部长着一个像钓鱼竿似的小灯笼，这是我"钓鱼"的神器。在漆黑的深海，伸手不见五指，我头上的小灯笼可以引诱猎物，帮助我捕食。

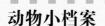

## 动物小档案

硬骨鱼纲—鮟鱇目—鮟鱇科
栖息地：太平洋、大西洋、印度洋
食物：各种小鱼
本领：发光、奇特的繁殖方式

## 鮟鱇鱼有什么生活习性？

鮟鱇鱼：我们是一种中型底栖鱼类，通常生活在 500～5000 米的深海中，到了繁殖期会游到浅海地区产卵。我们既不爱活动，也不擅长游泳，属于较为安静的鱼类。

我们的小灯笼是由大量发光腺细胞构成的，可以吸引其他小型鱼类，帮助我们捕食。此外，我们还具有较大的嘴巴和可膨胀的胃，能够吞下与自身同样大小的猎物。

在繁殖方面，我们是一种雌雄异体、体内受精的鱼类。雌雄鱼个体差异非常大，雌鱼全长 1～1.2 米，雄鱼只有 8～16 厘米，雄鱼完全寄生在雌鱼身上生活，它遇到雌鱼就会咬住不放，不久就成为雌鱼身体的一部分。

动物界中雄性比雌性小的动物还是很少见的，没想到鮟鱇鱼就是其中之一。

## 鮟鱇鱼是怎样捕猎的？

鮟鱇鱼：我们是一种肉食性鱼类，主要靠能发光的吻触手（小灯笼）诱捕其他鱼类。

捕猎的时候，我把身体埋藏在深海的泥沙中，只露出我那像钓竿似的小灯笼，它会不停地闪烁着光芒，吸引其他鱼类前来，当猎物被吸引到附近时，我会迅速张开大嘴，将猎物一口吞下。

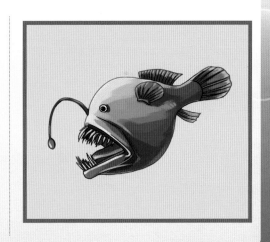

### 你知道吗？

雄鮟鱇鱼体形非常小，而且没有小灯笼，它一旦遇到雌鱼，就咬破雌鱼腹部的组织，然后释放消化酶来消化自己的身体，以便和雌鱼的身体组织完全融合，建立共用的血液循环系统，从此雄鱼便一生寄生在雌鱼身上不再分开。

# 小丑鱼

动物小档案

硬骨鱼纲—鲈形目—雀鲷科
栖息地：印度洋、太平洋温暖海域
食物：浮游生物、无脊椎动物
本领：与海葵共生、雄性可变雌性

　　我是超可爱的小丑鱼，又叫海葵鱼、双锯鱼。可别被我的名字骗了，我其实一点儿都不丑，之所以叫小丑鱼，是因为我的脸上有一道或两道白色条纹，看起来就像京剧中的丑角。我是热带咸水鱼，体形很小，最大体长也只有11厘米。我和海葵是好朋友，我们互助互爱，友好共生。

## 小丑鱼有哪些生活习性？

小丑鱼：我们通常生活在珊瑚礁与岩礁中，常与海葵、海胆等共生。海葵的触手会分泌毒液，一般的动物不敢靠近，但我们身体表面覆盖着特殊的黏液，能抵抗海葵的毒素，不被伤害，从而在海葵中自由出入。

在海葵的保护下，我们可以避免被其他大鱼欺负、捕食，还可以利用海葵的触手筑巢、产卵。同时我们也会帮助海葵"清理"食物残屑，避免残屑落入海葵丛中，而海葵吃剩的食物我们也可以免费享用。

我们还能吸引其他鱼类靠近海葵，从而让海葵捕食，并帮助海葵清除身上的坏死组织和寄生虫。

小丑鱼和海葵之间紧密互利的关系，在生物学上叫作共生。

## 小丑鱼可以改变性别吗？

小丑鱼：可以。这是我们的一项神奇的本领。我们每个小丑鱼家族都有一条占据主导地位的雌鱼。如果这条雌鱼死亡或消失，它的配偶雄鱼的荷尔蒙就会发生一系列的变化，几周内转变为雌鱼，并且完全具备雌鱼的生理机能，然后再逐渐改变外部特征，如体形和颜色等。

之后，这条新雌鱼会选择一条最强壮的雄鱼作为配偶，继续繁衍后代。不过，我们只能从雄性变为雌性，不能从雌性变为雄性。

### 小秘密！

小丑鱼有很强的领域观念。通常一对雌雄小丑鱼会占据一个海葵，不允许其他同类进入。如果是一个大型海葵，它们也只允许一些幼鱼进入。在这个大家庭里，体格最强壮的雌鱼和它的配偶会占据主导地位，并想方设法地打压其他小丑鱼，将它们驱赶到海葵周边的角落里，以此来捍卫自己的领地。

# 比目鱼

  我是长相古怪的比目鱼，我的眼睛不是对称地长在身体两侧，而是长在身体一侧。我的嘴巴也是扭曲的，这使我看起来很丑。我们比目鱼是一个庞大的种类，有 700 多种，大小不一，最大的是太平洋大比目鱼，体长可达 2 米。我平时喜欢潜伏在海底的泥沙中，身子侧躺着，这样可以伪装自己，捕食猎物。

## 动物小档案

脊索动物门—硬骨鱼纲—鲽形目
栖息地：世界各大洋 500 米以下海洋深处及河口淡水中
食物：沙蚕、甲壳动物、软体动物
本领：改变体色进行伪装

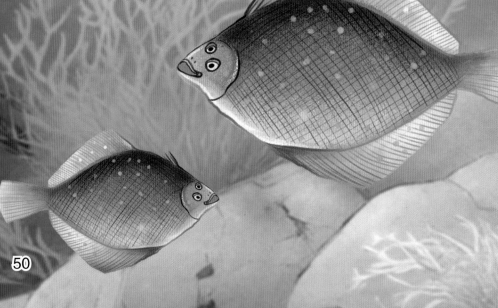

## 比目鱼有哪些种类？

比目鱼：我们家族非常庞大，全世界有 14 科 700 多种，包括鲆科、鲽科、鳎科等，鲆科中常见的有"牙鲆""斑鲆""花鲆"；鲽科中常见的有"高眼鲽""石鲽""木叶鲽""油鲽"；鳎科中常见的有"舌鳎"。

从北极到热带，再到南极洲，全世界的海洋中都有我们的身影。大多数生活在 500 米以下的深海，但也有一些种类能够生活在淡水中。

欧洲比目鱼经常从海洋迁徙到河流里捕食，夏天可以沿着河流上溯到 65 千米处的内陆，当秋天到来时，它们会返回海洋产卵。

比目鱼非常有趣，品种和生活习惯不同，两只眼睛的移动位置也不同，有的向左移，有的向右移。

## 比目鱼的眼睛为什么长在一侧？

比目鱼：这是为了适应环境进化的结果。

我们小时候和其他鱼类一样，头的两侧各有一只眼睛，嘴巴也正常。我们在水的上层自由游泳，吞食海里的浮游生物，五官长得很端正。长到半寸长以后，我们一边的眼睛开始向另一边移动，并逐渐绕过头顶，最后长到另一只眼睛的近旁，随着眼的移动，嘴巴也很快向无眼的一边扭转，身体的一侧也没有颜色了。

这时候我们就沉入海底，开始在海底生活。为了在海底刨沙求食，没有颜色的一侧嘴巴变得特别发达，牙齿也特别多，久而久之嘴便歪了。

### 真奇妙！

比目鱼是一个伪装大师，能够随着周围环境的变化而变色，这是一种生存本领，既有利于捕食，又不易被天敌发现。比目鱼之所以能改变身体的颜色，是因为它能通过神经系统改变皮肤细胞所含色素微粒的排列。

# 小丑 炮弹鱼

　　我是高颜值的小丑炮弹鱼，因为长得像炮弹，所以才有了这么一个拉风的名字。别看我长得帅，其实我是出了名的暴脾气，一言不合就开战。我的牙齿非常尖利，就连石头都能咬碎，海洋里很多鱼都怕我。我喜欢独居，没事千万不要打扰我。

### 动物小档案

硬骨鱼纲—鲀形目—鳞鲀科
栖息地：太平洋、印度洋珊瑚礁中
食物：海星、海胆、虾、鱿鱼等
本领：游泳、力大凶猛、撕咬

## 小丑炮弹鱼有什么生活习性?

小丑炮弹鱼:我们喜欢在温暖的珊瑚礁区生活,那里不仅食物丰富,而且便于躲避敌人。成年之前我们一般生活在 20 米深的浅海里,成年后便会转向 75 米深的海底生活。

我们有非常强的领地意识,任何动物未经允许都不得擅自闯入,否则后果自负。对于想抢我们食物或对我们构成威胁的敌人,我们会毫不留情地进行攻击。

战斗时我们会遵循先礼后兵的优良传统。发动攻击前,我们首先会竖起身体上下两条长背棘进行威胁;当不足以吓退敌人时,我们便会张开嘴巴,用锐利的牙齿对敌人发动无情的撕咬。

小丑炮弹鱼非常凶,参观水族馆时一定要注意,不能把手直接伸进水箱。

## 炮弹鱼都有哪些种类?

小丑炮弹鱼:除了我们小丑炮弹鱼,还有印度炮弹鱼、魔鬼炮弹鱼等。

印度炮弹鱼身体呈椭圆形,从远处看为黑色,但靠近了开灯看是褐色、绿褐色,眼睛带有深蓝色的条纹,背鳍和腹鳍与身体连接处都是白线。

魔鬼炮弹鱼俗称尼日尔炮弹、红牙炮弹、黑炮弹、蓝炮弹,主要生活在珊瑚海、塔西提岛、斯里兰卡等

地。它们的皮肤每天都会在蓝绿之间变化,包括亮蓝的鳍和长尾巴。成年鱼会长出红色的牙齿,看它们吃东西非常有趣。

## 没想到吧!

炮弹鱼非常喜欢吃海胆,海胆除了嘴巴,满身都是刺,并会把嘴巴隐藏在身体下面,使敌人无从下口。为了吃到鲜美可口的海胆汁,炮弹鱼会先猛吸一口水,用力喷向海胆,使海胆倒转过去,然后袭击那不设防的口部。

# 蝴蝶鱼

　　我是美丽可爱的蝴蝶鱼，我的名字来源于身上那五彩斑斓的蝴蝶斑纹。我有着尖尖的小嘴巴，眼睛隐藏在黑色条纹中，而尾巴上有一块像眼睛一样的黑斑，这叫作"假眼"，可以误导敌人把尾部当作头部来攻击，让我有机会逃跑。我的超能力是像魔术师一样在几秒钟或几分钟内改变体色，与周围的环境融为一体。

蝴蝶鱼体表有大量色素细胞，在神经系统控制下，可以展开或收缩，从而使体表呈现不同的色彩。

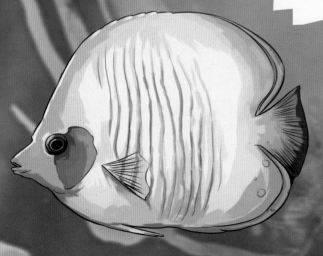

## 动物小档案

硬骨鱼纲—鲈形目—蝴蝶鱼科

栖息地：温带到热带海域

食物：水螅虫等无脊椎动物

本领：游泳、变色伪装

## 蝴蝶鱼有哪些生活习性？

蝴蝶鱼：我们大部分生活在 20 米以上的浅水水域，白天出来觅食，晚上躲在礁洞里面休息。觅食时，我们通常会成群结队，有时候也会独自游动。我们喜欢啄食躲藏在珊瑚礁缝隙里的小型无脊椎动物和藻类。

遇到敌人，我们会迅速躲进珊瑚礁或岩石缝中。如果躲避不及，我们尾巴上的"假眼"会迷惑敌人，让它们以为我们的尾巴是头部，在被攻击时趁机逃跑。

我们非常善于伪装，为了保护自己，我们可以在几秒钟或几分钟内改变体色，与周围的环境融为一体，就像人类的魔术师一样。

## 小蝴蝶鱼有什么特点？

蝴蝶鱼：小蝴蝶鱼刚生下时，头部会长有一种骨质板的头盔，它可以保护小蝴蝶鱼的安全。随着小蝴蝶鱼长大，能够漂浮到珊瑚礁区生活时，就变成了幼鱼。

幼鱼游泳很慢，抵抗力也很弱，所以会在背鳍后端，靠近身体和尾巴连接的地方，长一个像眼睛一样的黑斑块，叫作"假眼"，而真正的眼睛在头部，隐藏在黑色条纹中。这是我们年轻的蝴蝶鱼诱使敌人误将尾部认作头部的障眼法。等到长大后，大部分蝴蝶鱼的"假眼"就逐渐消失不见了，但黑眼带却终身保持。

### 小窍门！

最常见的蝴蝶鱼叫黄蝴蝶鱼，又称为红海黄金蝶，是全世界最出名的蝴蝶鱼，分布范围极其狭窄，只产自红海。黄蝴蝶鱼极具观赏性，很容易饲养，广受人们的喜爱。

# 射水鱼

　　我是娇小可爱的射水鱼，又叫高射炮鱼、枪鱼。我是一种小型观赏鱼，体长只有 20 厘米，体色淡黄，略带绿色，身上有数条黑色竖纹。我的超能力是用嘴巴射水，是海洋动物界的优秀狙击手。

## 动物小档案

硬骨鱼纲—鲈形目—射水鱼科

栖息地：太平洋、印度洋热带近岸浅海红树林及江河河口

食物：苍蝇、蚊子、蜘蛛、蛾子等小昆虫

本领：嘴巴射水

## 射水鱼有什么生活习性?

射水鱼:我们一共有7种,大多生活在热带海洋近岸红树林,有的也生活在淡水河流和溪流。我们常常贴近水面四处游动,以各种昆虫为食。当发现水面附近的树枝、草叶上有猎物停留时,便会调整好体位,找准合适的角度,瞄准目标,从口中喷射出一股水柱,将猎物击落水中,然后美餐一顿。

水滴就是我们的子弹,它们取之不尽,但我们在捕猎时不会轻易开火,只有在有把握时才开火,基本能做到弹无虚发。我们不会射击其他东西,只会射击猎物。

射水鱼的子弹射程可达2米,在1米内几乎百发百中。

## 射水鱼有什么射水秘诀?

射水鱼:我们的射水秘诀在嘴巴里,嘴巴上颌中央有条凹沟。在射击猎物前,我们将舌头抬起压住凹沟,然后两侧鳃盖用力压缩,水柱就会从口中急速喷出,猎物就会应声坠入水中。

你们可能很好奇,为什么我们能够百发百中?这有两个原因。

第一,我们能够在水下修正水与空气之间的光线折射角度,以及重力导致的水柱抛物线扭曲。

第二,我们能够从各个方向、各个角度精确识别猎物。不管猎物是躲在树叶中,还是草丛中,我们都能及时发现,并锁定猎物,而不会被猎物身边的植物分散精力和视线。我们会紧盯着目标,像人类狙击手一样,精神高度集中。

### 超厉害!

据科学家研究发现,射水鱼不仅会对真实的昆虫发射水柱,还会对电脑屏幕上的昆虫图像发射水柱。不管研究人员怎样用植物分散它们的视线,它们都能够精准地识别猎物,并准确地发动攻击。即便是射水鱼没有见过的猎物,它们也能够根据经验来判断识别。

# 翻车鱼

**动物小档案**

硬骨鱼纲—鲀形目—翻车鲀科
栖息地：亚热带和热带海域，也见于温带或寒带海域
食物：海藻、水母、各种浮游生物、甲壳类、小鱼等
本领：潜水，繁殖能力超强，生长速度快

我是"海洋十大萌鱼"之一，也叫头鱼、太阳鱼、月亮鱼。我的身体又圆又扁，眼睛和嘴巴都很小，而且没有尾巴，看起来就像个长碟子。我的体形非常大，体长可达5米，体重可达3.5吨，是世界上最大的鱼类之一。我比较懒惰，最喜欢做的事就是躺在海面上晒太阳，过着躺平的日子。

## 翻车鱼有什么生活习性?

翻车鱼:我们主要生活在热带海洋和温带海洋,不喜欢游动,经常侧卧在水面上,或者把背鳍露出水面,一动不动。饿了我就潜入百余米的深水中,吃海藻、软体动物、水母、浮游生物、甲壳类及小鱼等。

虽然我们游泳技术不好(1小时只能游3000多米),不过潜水技术还是不错的。为了寻找食物,我可以下潜到800米的深处。

翻车鱼能分泌一种有助于治疗其他鱼类伤病的物质,因此有"海洋医生"的称号。

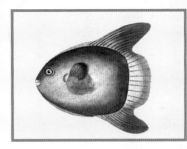

## 翻车鱼怎样抵御天敌?

翻车鱼:我没有抵御天敌的本领,遇到天敌就躺平,不过我的皮很厚,可以保护自己。当然一些凶狠的天敌,如拥有锋利牙齿的海狮、海豹,可以把我们吃掉。这时候我们只能怪自己命不好。

尽管如此,我们也不会灭绝,因为我们的繁殖能力超强。我们母翻车鱼一次可产3亿粒卵,是世界上产卵最多的鱼类(一般鱼类一次大约产30万粒卵,鲨鱼更少,一次只能产几粒)。不过小翻车鱼存活率非常低,只有千万分之一。一场暴风雨或一次天敌袭击,就会让我们的孩子死伤殆尽。

但是我们的孩子生长速度极快,刚出生时,它们只有2毫米大小,比人类小孩子的指甲盖还小,体重只有1克,可是5年后,它们却可以长成3~5米的庞然大物,体重可达3吨。

### 原来如此!

翻车鱼性情非常温顺,从来不会主动攻击,在海洋里经常被其他动物欺负、吞食。有时候海豹在它身上撕咬,它既不反击也不逃跑,一动不动地任由海豹啃食。据说这是因为翻车鱼的皮非常厚,其中没有神经末梢分布,被吃掉的都是厚厚的鱼皮,根本感觉不到疼痛。

# 神仙鱼

## 动物小档案

硬骨鱼纲—鲈形目—丽鱼科

栖息地：热带海洋和河流

食物：水蚯蚓、纤维虫、黄粉虫、红虫、小活鱼等

本领：游姿优美

　　我是体形优美、游姿端庄的神仙鱼，又叫燕鱼、天使鱼、小神仙鱼。我是海洋中的天使、女神，喜欢在弱酸性水质的软水中生活，我的背鳍和臀鳍很长、很大，宛如天使的翅膀，所以被称为天使鱼。我的体长只有 12 ~ 15 厘米，身体扁平呈菱形，游动如燕，所以又叫燕鱼。我性情温和，从来不侵犯其他鱼类，我们同类之间也从不互相争斗。

## 神仙鱼有什么生活习性？

神仙鱼：我们通常生活在 22℃~28℃的水温中，主要以水蚯蚓、纤维虫、黄粉虫、红虫、小活鱼等为食。我们喜欢在有水草的水中游动，有自己的领地。

生宝宝的时候，我们会选择一片安全的区域，然后驱赶其他鱼类，将产卵的区域啄食干净后，鱼妈妈才开始产卵。产卵结束后，鱼爸爸和鱼妈妈会共同守护鱼卵，用胸鳍扇动水流来确保受精卵有充足的水溶氧；当发现某些鱼卵因未受精或被水菌感染而霉变时，我们会立即啄食，以确保其他受精卵不受感染。

鱼宝宝孵化出来后，不会游动，通过吸收自身的卵黄素度过 4~5 天，然后游离产卵点，以水蚤为食。

神仙鱼被誉为"热带鱼皇后"，是非常具有观赏性的热带鱼类之一。

## 神仙鱼有哪些种类？

神仙鱼：我们最初只有三种：普通神仙鱼、埃及神仙鱼、长吻神仙鱼。

普通神仙鱼的鳍柔软透明，像透明蝉翼一样美丽。人类通常用它做改良新品种使用。普通神仙鱼有一定的领域意识，属于开放式排卵，繁殖时的水温以 28℃为佳，一次产卵可达到1000 枚之多。最大可长到 15 厘米左右。

埃及神仙鱼原产于南美洲，体形较大，身体表面呈银色，侧身有三条较宽的黑条带上下贯穿，非常好看。

长吻神仙鱼原产地在南美洲亚马孙河流域，头部纹理浑圆细密，吻部稍长，总体外形美观，深受人类的喜爱。

## 长知识了！

国内常见的神仙鱼有白神仙鱼、黑神仙鱼、灰神仙鱼、云石神仙鱼、半黑神仙鱼、鸳鸯神仙鱼、三色神仙鱼、金头神仙鱼、玻璃神仙鱼、钻石神仙鱼、熊猫神仙鱼、红眼神仙鱼等。

# 狮子鱼

　　我是华丽的狮子鱼，又叫蓑（suō）鲉、火鱼，是世界上最美丽、最奇特的鱼类之一。我的体长 25 ~ 40 厘米，背鳍、臀鳍、尾鳍都是透明的，身上布满了红褐相间的条纹，看起来就像穿着一件华丽的条纹衫。我身上还装饰着众多的鳍条和有毒的棘刺，看起来就像威风凛凛的狮子一样，所以被称作狮子鱼。

## 动物小档案

硬骨鱼纲—鲉形目—狮子鱼科
栖息地：太平洋、印度洋、大西洋温带海域
食物：甲壳动物、小鱼等
本领：用有毒棘刺猎食，繁殖能力强

## 狮子鱼有什么生活习性？

狮子鱼：我们主要生活在岩礁或珊瑚礁中，有的也会在深水区出现。我们通常成对游泳，当遇到敌人时，我们会侧身以背鳍棘刺向对方冲刺，这是我们的防御机制。我们的棘刺毒性很大，如果人类被刺伤，可能会感到剧痛，严重者会出现呼吸困难，甚至昏厥。

我们的繁殖季节主要在夏季，产的卵有浮性，会粘连在一起。我们主要以甲壳动物为食，环境适应能力很强，可以在多种盐度、温度和深度的海域生活，包括珊瑚礁、潟（xì）湖、岩石基底等水域。

狮子鱼繁殖能力超强，每4天能产3万颗卵，成熟的狮子鱼全年都可以产卵。

## 狮子鱼是怎样捕猎的？

狮子鱼：我们不擅长游泳，常常会躲在珊瑚礁的缝隙里面，等待猎物上门。当然，我们也会在珊瑚丛里面缓慢地游泳，因为我们的体色非常鲜艳，与珊瑚丛颜色接近，不容易被小鱼发现，这样，我们不费吹灰之力就能捕到猎物。

当我们靠近猎物的时候，胸鳍就会竖起来，然后快速抖动，这种抖动与响尾蛇尾巴的摆动非常相似，既能吸引猎物的注意力，也能让我们的注

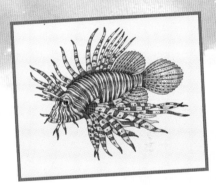

意力集中在猎物身上。当猎物缩在角落，被眼前的一切迷惑时，我们便突然收起所有的胸鳍，以最快的速度将猎物一口吞下。

### 没想到吧！

狮子鱼通常生活在浅海里，但也能在极深的海底生活。它们是地球上栖息地最深的脊椎动物，2008年在日本海沟发现了一种狮子鱼，其栖息深度竟然达到7700米！

图书在版编目（CIP）数据

海洋探秘 / 梦学堂编 . 北京：北京日报出版社，
2024.6

（带着科学去旅行：中国少年儿童百科全书）

ISBN 9787547747636

Ⅰ . ①海… Ⅱ . ①梦… Ⅲ . ①海洋—儿童读物 Ⅳ .
① P749

中国国家版本馆 CIP 数据核字（2023）第 254810 号

带着科学去旅行：中国少年儿童百科全书

海洋探秘

责任编辑：辛岐波
出版发行：北京日报出版社
地　　址：北京市东城区东单三条 816 号东方广场东配楼四层
邮　　编：100005
电　　话：发行部：（010）65255876
　　　　　总编室：（010）65252135
印　　刷：新生时代（天津）印务有限公司
经　　销：各地新华书店
版　　次：2024 年 6 月第 1 版
　　　　　2024 年 6 月第 1 次印刷
开　　本：710 毫米 ×1000 毫米　1/16
总 印 张：40
总 字 数：588 千字
定　　价：248.00 元（全 10 册）